山东省地方标准

压力分散型悬锚式挡土墙设计与施工技术标准

Technical standard for construction and design of pressure-dispersed anchor cantilever retaining wall

DB 37/T 3362—2018

主编单位：山东省交通运输厅公路局
　　　　　山东大学
　　　　　山东省交通规划设计院
　　　　　齐鲁交通发展集团有限公司青临分公司
批准部门：山东省质量技术监督局
实施日期：2018 年 08 月 19 日

人民交通出版社股份有限公司

图书在版编目(CIP)数据

压力分散型悬锚式挡土墙设计与施工技术标准／山东省交通运输厅公路局等主编. — 北京：人民交通出版社股份有限公司，2019.8
ISBN 978-7-114-15686-1

Ⅰ.①压… Ⅱ.①山… Ⅲ.①锚固式挡土墙—结构设计—技术标准—山东②锚固式挡土墙—工程施工—技术标准—山东 Ⅳ.①TU476-65

中国版本图书馆 CIP 数据核字(2019)第 138592 号

书　　名：	压力分散型悬锚式挡土墙设计与施工技术标准
著 作 者：	山东省交通运输厅公路局
	山东大学
	山东省交通规划设计院
	齐鲁交通发展集团有限公司青临分公司
责任编辑：	黎小东
责任校对：	张　贺
责任印制：	张　凯
出版发行：	人民交通出版社股份有限公司
地　　址：	(100011)北京市朝阳区安定门外外馆斜街 3 号
网　　址：	http://www.ccpress.com.cn
销售电话：	(010)59757973
总 经 销：	人民交通出版社股份有限公司发行部
经　　销：	各地新华书店
印　　刷：	北京市密东印刷有限公司
开　　本：	880×1230　1/16
印　　张：	1.75
字　　数：	36 千
版　　次：	2019 年 8 月　第 1 版
印　　次：	2019 年 8 月　第 1 次印刷
书　　号：	ISBN 978-7-114-15686-1
定　　价：	30.00 元

(有印刷、装订质量问题的图书，由本公司负责调换)

目 次

前言 ... Ⅲ
引言 ... Ⅴ
1 范围 ... 1
2 规范性引用文件 ... 1
3 术语和定义 ... 1
4 基本原则和要求 ... 2
5 地质勘测与环境调查 ... 2
6 压力分散型悬锚式挡土墙设计 ... 3
7 材料 ... 7
8 压力分散型悬锚式挡土墙施工 ... 7
9 质量管理与检查验收 ... 9
附录 A(规范性附录) 压力分散型悬锚式挡土墙设计算例 ... 11

前言

本标准按照GB/T 1.1—2009给出的规则起草。

本标准由山东省交通运输厅提出并归口。

本标准起草单位：山东省交通运输厅公路局、山东大学、山东省交通规划设计院、齐鲁交通发展集团有限公司青临分公司。

本标准主要起草人：宋修广、薛志超、毕玉峰、张宏博、李英勇、李涛、李颖、陈宝强、高晋、江健宏、吴建清、陈晓光、岳红亚、郭勇、李伟华。

引 言

随着我国公路建设的发展,挡土墙的应用越来越广泛。尤其对于特殊高填土路段,自然放坡会占用大量永久土地资源,当采用挡土墙替代边坡时,可有效减少路基宽度,降低路堤填方量,同时还可减少拆迁赔偿,具有显著的社会、经济效益。但是挡土墙的理论及实践研究发展较慢,传统挡土墙在具有特殊要求的高填方路堤工程中应用受到限制。压力分散型悬锚式挡土墙结合了悬臂式挡土墙、锚定板挡土墙的特点,是支护高填方路基的一种新型的经济有效措施,并在山东省的公路建设工程中进行了应用,展示了良好的应用前景。

为规范压力分散型悬锚式挡土墙设计与施工,统一压力分散型悬锚式挡土墙设计、施工和验收标准,保证工程施工质量,山东省交通运输厅公路局等单位在山东省交通科技项目支持下,通过广泛调研及大量试验,历时多年研究攻关,在实体工程应用基础上,总结并制定了本标准。

各有关单位在标准使用过程中,若发现存在不当之处或有好的意见和建议,请及时函告山东省交通运输厅公路局(联系地址:山东省济南市舜耕路19号,邮编:250002),以便修订时参考。

压力分散型悬锚式挡土墙设计与施工技术标准

1 范围

本标准规定了压力分散型悬锚式挡土墙的设计、施工和质量验收标准。除本标准已有规定外，尚应符合国家现行有关标准的规定。

本标准适用于新建和改扩建公路的压力分散型单层悬锚式挡土墙的设计与施工。

2 规范性引用文件

下列文件对于本文件的应用是必不可少的。凡是注日期的引用文件，仅注日期的版本适用于本文件。凡是不注日期的引用文件，其最新版本(包括所有的修改单)适用于本文件。

GB 50010　混凝土结构设计规范
GB 50086　岩土锚杆与喷射混凝土支护工程技术规范
GB 50204　混凝土结构工程施工质量验收规范
CJJ 1　城镇道路工程施工质量验收规范
DL/T 5083　水电水利工程预应力锚索施工规范
JTG B05-01　公路护栏安全性能评价标准
JTG C10　公路勘测规范
JTG C20　公路工程地质勘察规范
JTG D30　公路路基设计规范
JTG D62　公路钢筋混凝土及预应力混凝土桥涵设计规范
JTG D81　公路交通安全设施设计规范
JTG E40　公路土工试验规程
JTG F10　公路路基施工技术规范
JTG/T F50　公路桥涵施工技术规范
JTG F80/1　公路工程质量检验评定标准 第一册 土建工程
JGJ 85　预应力筋用锚具、夹具和连接器应用技术规程
DB 33/T 904　公路软土地基路堤设计施工技术规范

3 术语和定义

下列术语和定义适用于本文件。

3.1
压力分散型悬锚式挡土墙 pressure-dispersed anchor cantilever retaining wall

一种由埋置在土体破裂面后部稳定土层内，按不同距离分布的锚定板、锚索和悬臂式挡土墙组成的共同承受土体侧压力的复合挡土结构。

3.2
预应力锚索 prestressing tendon

能将张拉力传递到稳定的或适宜的岩土体中的一种受拉杆件(体系)，一般由锚具、自由段、锚固段

组成。杆体材料为钢绞线或钢丝束。

3.3

压力分散型预应力锚索 prestressing tendon on the compression-dispersion type

在锚固段内设置多个承载体,以使预应力分散作用在各个承载体的预应力锚索。

3.4

锚具 anchorage

将预应力锚索的张拉力传递给被锚固体的装置。

3.5

外锚具 outer fixed end

对锚索实现张拉和锁定的支撑装置。

3.6

预应力损失 prestressing loss

预应力锚索张拉锁定后一定时期内所出现的应力减小。

3.7

锚定板 bearing plate

承受锚索传来的拉力并作用于土体部分的构件,分为钢筋混凝土锚定板和钢制锚定板。

4 基本原则和要求

4.1 在压力分散型悬锚式挡土墙设计与施工中,应贯彻执行国家的技术经济政策,按照安全、经济、耐久的原则,精细设计,精心实施,精准控制。

4.2 压力分散型悬锚式挡土墙一般适用于填土高度大于8m,地震烈度小于Ⅶ度,地下水无腐蚀性路段。在对节约用地、减少拆迁、保护生态环境要求较高的路段,宜优先选择压力分散型悬锚式挡土墙。

4.3 应根据工程环境、水文地质条件、荷载作用效应、工后位移及变形要求、防腐耐久性要求,按照动态设计理念及便于后期养护的原则进行设计。

4.4 施工前应对工程环境、地质条件进行详细核查,制订与设计要求相对应的施工方案,并经专家进行专项论证,施工工艺参数一般应通过试验段确定。

4.5 施工时应加强对锚索、锚定板、混凝土、钢筋和路基填料等施工材料的质量检测工作,强化锚固段部位的质量管控。应充分分析安全风险因素,制订周密的监测方案,监测数据可作为设计和施工优化的依据。

4.6 完工后应按照JTG F80/1的规定进行工程质量评定。

5 地质勘测与环境调查

5.1 压力分散型悬锚式挡土墙的调查、勘测和资料收集工作,应按照JTG C10、JTG C20的有关规定执行。应根据压力分散型悬锚式挡土墙的规模、重要程度和设置环境来决定调查、勘测的方法及范围,对实地调查结果及搜集的资料进行分析,初步确定挡土墙的结构类型、形式和基本尺寸后,进行正式勘测。工程的地质勘测应与公路地基勘测同步进行,也可在公路地基勘测后,根据挡土墙设计需要进行补充勘测。在施工图设计阶段,应搜集挡土墙路段加密桩号的路基横断面图,挡土墙起讫桩号路基横断面图,墙址纵断面图,地质纵、横剖面图及设计、施工所需的其他调查资料。

5.2 压力分散型悬锚式挡土墙工程地质勘测前,应确定勘测深度及勘测范围,并编写岩土工程勘察计划书。

5.3 为提供挡土墙设计参数,应进行现场调查与试验。其主要项目如下:

a) 土压力设计参数,包括土的密度、密实度、黏聚力、内摩擦角等,应按照 JTG E40 的规定,进行土的物理力学性质试验。
b) 地基承载能力与变形计算参数,应根据墙址处地基的承载力、沉降变形等可能影响的范围,确定地基调查深度后,进行勘探和测试。对于地基的调查深度,求土的剪切计算参数的调查范围宜为:基础底面以下 1.5 倍墙背填土高度的深度;求沉降计算参数的调查范围宜为:基础底面以下 3 倍墙背填土高度的深度,当为软土地基或可能产生滑坍、不均匀沉降地段时,尚需扩大调查范围。
c) 稳定性验算所需设计参数,基础与地基土间的摩擦系数等宜采用试验方法确定。

5.4 挡土墙地基,应采用坑探、钻探等方法勘探。

5.5 挡土墙承重部位下部可能存在滑动面时,应对其影响区范围内进行坑探。

5.6 在确定挡土墙的结构形式、基础类型及基础深度时,除应按本标准5.3 的规定调查、搜集墙址处的相关设计资料外,还应调查挡土墙周围环境条件,评估压力分散型悬锚式挡土墙在施工过程中对环境的影响,以及压力分散型悬锚式挡土墙建成后与周围环境的相互影响。

5.7 开展施工条件调查,搜集空间作业条件、原有构造物及地下埋设物的情况、施工环境风险控制要求以及施工噪声、振动、污水和粉尘等环境污染控制要求等。

6 压力分散型悬锚式挡土墙设计

6.1 一般规定

6.1.1 压力分散型悬锚式挡土墙由钢筋混凝土墙身、基础及锚固系统组成,锚固系统包括锚具、锚索、锚定板等。

6.1.2 压力分散型悬锚式挡土墙设计应综合考虑工程地质、路基高度、荷载作用情况、环境条件、施工组织和工程造价等因素。

6.1.3 压力分散型悬锚式挡土墙设计应包括基础和墙身的断面尺寸及结构设计、锚具和锚索的构造及防腐设计、锚定板尺寸及结构设计,并应进行锚索张拉力、挡土墙强度和稳定性力学验算。

6.1.4 压力分散型悬锚式挡土墙的设计计算应按照本标准相关规定和现场试验情况进行动态设计,并应符合 JTG D30、GB 50086 等相关规定。

6.1.5 设计中应考虑挡土墙对环境的影响,确定必要的环境保护方案。

6.1.6 施工期间应设置监测断面,具体监测内容及要求按本标准8.4执行,并宜同永久监测相结合。

6.1.7 挡土墙墙背填料宜采用渗水性强的砂性土、砂砾、碎(砾)石等材料,不宜采用黏土,严禁采用淤泥、腐殖土和强膨胀土等作为填料。锚索宜埋设于砂砾等粗粒料土层中,粗粒料厚度不宜小于 1 倍~2 倍锚定板高度,自墙身内侧至最远端锚定板范围内沿挡土墙纵向全铺,并分层夯实,满足路基压实度要求,如图1所示。

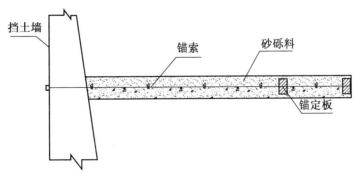

图 1 墙身至锚定板处锚索范围内填料示意图

6.1.8 路肩式挡土墙的顶面宽度不应占据硬路肩、行车道及路缘带的路基宽度范围,并应设置护栏。护栏设计应符合 JTG B05-01、JTG D81 的有关规定。

6.2 一般构造

6.2.1 基础形式可采用扩大基础、混凝土条形基础,基础厚度不宜小于 0.5m。

6.2.2 墙身应采用钢筋混凝土结构,可分为肋柱式和无肋柱式。墙身顶宽不得小于 0.2m,底部厚度不应小于 0.3m。墙身外侧宜为竖直,内侧宜设 1:0.02~1:0.1 的仰坡。

6.2.3 挡土墙分段长度宜为 10m~20m,并按规定设置沉降缝和伸缩缝。

6.2.4 应按照有关规定在墙面设置泄水孔及墙背反滤和排水构造。

6.2.5 外锚固端处应设置垫板和锚具,垫板处墙身应配置承压钢筋,锚具距离沉降缝及伸缩缝不小于 0.5 倍锚索间距。

6.2.6 墙身锚索一般单层布置,锚孔直径宜为 110mm,每孔内设置 2 根~4 根 7φ5 钢绞线。

6.2.7 锚定板宜采用钢筋混凝土矩形板或方形板,面积不应小于 $0.5m^2$。

6.2.8 锚索、锚具及与锚定板连接处,必须做好防腐处理。

6.2.9 每根钢绞线连接一个锚定板,连接于锚定板中心位置,连接构造如图 2 所示。

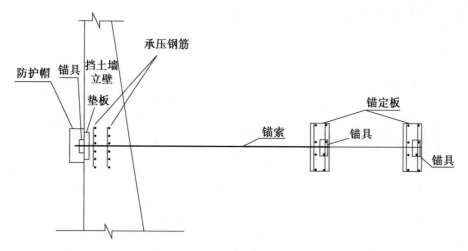

a) 压力分散型悬锚式挡土墙剖面图

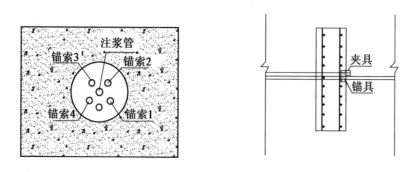

b) 锚定板锚具、锚索连接大样图

图 2 压力分散型悬锚式挡土墙墙身、锚定板与锚索连接图

6.2.10 压力分散型悬锚式挡土墙锚具可采用外置式和内嵌式,外置式锚具一般用于无肋柱墙面,内嵌式锚具一般用于有肋柱墙面。外锚固端构造如图 3 所示。

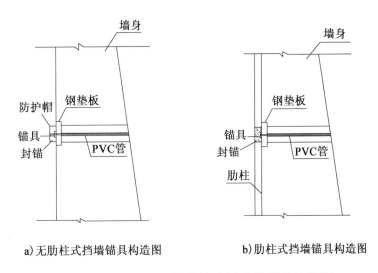

a) 无肋柱式挡墙锚具构造图　　　　b) 肋柱式挡墙锚具构造图

图 3　压力分散型悬锚式挡土墙外锚固端构造图

6.2.11 外锚固端至墙体内侧设置 PVC 管,自由段及锚固段锚索采用无黏结钢绞线。锚索采用油脂进行防腐;锚具采用混凝土封闭或采用钢罩保护。

6.3 设计计算内容及要求

6.3.1 设计对象及内容

压力分散型悬锚式挡土墙主要设计内容包括:基础类型、尺寸、埋深、墙体尺寸、混凝土强度、配筋,锚索外锚固端构造、长度、张拉力、防腐措施,锚定板尺寸、配筋等。主要验算内容包括:挡土墙地基承载力、沉降量、水平位移、抗倾覆、抗滑移、整体稳定性、墙身结构强度验算等。

6.3.2 设计流程

压力分散型悬锚式挡土墙设计流程如下:
a) 根据支护高度设定挡土墙尺寸及强度。
b) 按照表 1 的荷载组合方式,根据悬臂式挡土墙墙后土压力值进行挡土墙的地基承载力、基底合力偏心距、挡土墙抗倾覆和抗滑移稳定性验算,必要时进行整体滑动稳定性验算,根据计算情况调整挡土墙的尺寸,初步设定锚索预应力值。挡土墙抗倾覆、抗滑动稳定系数不应小于表 2 的规定,整体滑动稳定系数不低于 1.8。
c) 根据设定的锚索预应力值,建立挡墙与路堤实体模型开展数值模拟,确定挡墙受力及锚定板土压力,验算挡墙位移,根据验算情况调整锚索预应力值。在缺乏工程类比条件下,必要时采用模型试验进行验证。挡土墙水平位移 Δh 应满足:外移 $(0.3\% \sim 0.7\%)H$ 与 40 mm 的小值,内移 $(0.1\% \sim 0.3\%)H$ 与 25 mm 的小值。

表 1　荷 载 组 合 方 式

组　合	作用(或荷载)名称
Ⅰ	挡土墙结构重力、墙顶上的有效永久荷载、填土重力、填土侧压力及其他永久荷载组合
Ⅱ	组合Ⅰ与基本可变荷载相组合
Ⅲ	组合Ⅱ与其他可变荷载相组合

表2 抗滑动和抗倾覆的稳定系数

荷载情况	验算项目		稳定系数
荷载组合Ⅰ、Ⅱ	抗滑动	K_C	1.4
	抗倾覆	K_0	1.7
荷载组合Ⅲ	抗滑动	K_C	1.4
	抗倾覆	K_0	1.4
施工阶段验算	抗滑动	K_C	1.3
	抗倾覆	K_0	1.3

d) 通过试算确定挡土墙断面尺寸、配筋、混凝土强度和锚索张拉力值。

e) 根据锚索总预应力值确定锚孔的数量和布设高度及间距，设定锚下承压钢筋型号、布设范围和间距，计算局部墙体的作用效应，对墙体的变形、裂缝宽度等进行验算。

f) 根据每孔锚索张拉力值，设定锚定板尺寸。通过试算，确定锚索根数、长度和锚定板个数、尺寸、间距。锚定板可按中心为支点的单向受弯构件计算，但应按双向配置钢筋。锚定板与钢索连接处，应验算混凝土局部承压与冲切强度。锚定板极限承载力按式(1)计算：

$$[T] = \frac{1}{2K}\gamma h_i^2(K_p - K_a)b \tag{1}$$

式中：[T]——锚定板的极限承载力；

K——安全系数，$K \geq 2$；

γ——土体重度（kN/m^3）；

h_i——锚定板的埋置深度（m）；

K_a、K_p——库仑理论主动土压力系数、被动土压力系数；

b——锚定板边长（m）。

g) 细化墙身、锚固系统、锚定板、排水系统等构造参数。

6.3.3 设计算例

压力分散型悬锚式挡土墙详细的设计计算方法参见附录A。

6.3.4 细部构造设计要求

6.3.4.1 挡土墙应采用明挖基础。对于建筑在大于5%纵向斜坡上的挡土墙，基底应设计为台阶式。

6.3.4.2 基础的埋置深度应按照JTG D30进行设计。

6.3.4.3 对构件进行截面设计时，应取最不利作用效应组合确定构件每一计算分段内的截面尺寸及配置受力钢筋。

6.3.4.4 配置于挡土墙中的主钢筋直径不宜小于12mm，主钢筋间距不应大于0.2m。前趾板上缘、后踵板下缘，对应配置不小于50%主筋面积的构造钢筋。挡土墙墙面应配置分布钢筋，直径不应小于8mm，钢筋间距不应大于300mm。

6.3.4.5 钢筋的混凝土保护层厚度应符合以下规定：墙身外侧钢筋与墙身外侧表面的净距不应小于35mm；墙身内侧受力主筋与内侧表面的净距不应小于50mm；后踵板受力主筋与后踵板顶面的净距不应小于50mm；前趾板受力主筋与趾板底面的净距不应小于75mm。

6.3.4.6 锚索宜设置于0.5倍~0.6倍墙高范围内，锚索水平间距宜为3m~5m。

6.3.4.7 单根锚索张拉力不应超过锚索强度的60%。

6.3.4.8 锚索应水平放置。

6.3.4.9 锚定板应预留锚索孔道。锚定板应设置在被动土压力破坏区外至少2m,埋置深度不宜小于2.5m。

6.3.4.10 锚垫板截面形式一般为方形或圆形,其截面尺寸应根据锚拉力大小、墙体承载要求计算确定。锚垫板厚度不得小于20mm。

6.3.4.11 应根据墙背渗水量的大小合理确定泄水孔或泄水管的尺寸与布置方式,并完善防排水系统。泄水孔沿墙竖向和纵长布设,间距宜为2m～3m。

6.3.4.12 应结合墙趾实际地形、水文、地质变化情况及锚索布设设计沉降缝和伸缩缝,沉降缝和伸缩缝可合并设置,缝宽宜为20mm～30mm。

6.3.4.13 挡土墙可采用锥坡与路堤连接,墙端伸入路堤内长度不应小于0.75m,锥坡坡率宜与路堤边坡一致。

7 材料

7.1 一般地区的挡土墙所用混凝土强度不应低于C25,且应符合设计规定的强度等级,并具有耐风化和抗侵蚀性。锚定板混凝土强度等级宜与挡土墙强度等级相一致。

7.2 混凝土强度指标及钢筋的型号应符合JTG D62的规定,并应满足设计要求。

7.3 预应力钢绞线宜选用7股涂层高强低松弛钢绞线,可采用1720MPa、1860MPa、1960MPa钢绞线。

7.4 压力分散型悬锚式挡土墙中,预应力筋用锚具和夹具的性能均应符合JGJ 85的规定。

7.5 注浆用水泥强度等级不应低于42.5。

7.6 防护套管宜采用缩节管连接,应确保接头严密。

8 压力分散型悬锚式挡土墙施工

8.1 一般规定

8.1.1 应根据设计文件核对工程量、工地情况、工期要求和施工条件,结合现场试验及监测数据分析结果,编制施工组织设计。

8.1.2 压力分散型悬锚式挡土墙施工时应加强监测。

8.1.3 雨期施工应做好防排水措施。

8.1.4 压力分散型悬锚式挡土墙施工,除应符合本规范规定,尚应符合国家现行的有关标准和规范。

8.2 试验段实施

8.2.1 在具有代表性的路段实施试验段,试验段长度不宜小于20m。

8.2.2 编制试验段实施方案,试验段施工前须进行专门的技术交底。

8.2.3 试验段实施过程中,应加强现场监测和巡视,建立施工方案定期协商机制。

8.2.4 对试验段监测数据进行分析后,应完善施工图设计和施工组织设计,并组织专项论证后,方可进行常规施工。

8.3 施工要点

8.3.1 施工前,应做好现场的截、排水及防渗设施。

8.3.2 基坑的开挖尺寸应满足基础施工的要求,基坑底的平面尺寸宜大于基础外缘0.5m～1.0m。

8.3.3 基础施工完成后,应立即进行基坑回填,采用小型压实机械进行分层夯实,并在回填土表面设

3%的向外斜坡,防止积水渗入基底。

8.3.4 现浇挡土墙与基础的结合面,应按施工缝处理,浇筑底板时预埋墙身钢筋。

8.3.5 压力分散型悬锚式挡土墙墙身现场浇筑,钢筋的制作、绑扎与模板拼装应符合 GB 50204 的相关规定。

8.3.6 墙身及底板混凝土浇筑时,先浇筑挡土墙底板,当底板强度达到设计强度的75%时再立模浇筑墙身。

8.3.7 墙体施工时,应正确布置锚垫板、锚索通道、泄水孔(管)等预埋构件。预埋入墙体内PVC套管超出墙体内侧200mm。

8.3.8 应根据设计图的分段长度进行沉降缝和伸缩缝的施工,沉降缝、伸缩缝的缝宽应整齐一致,上下贯通,缝中防水材料应按相关标准的要求施工。

8.3.9 挡土墙的墙体强度达到设计强度的75%以上时,方可进行墙背填料施工。

8.3.10 距挡土墙墙背1.5m范围内不允许采用重型振动压路机压实,应采用小型压实机进行压实处理或人工夯实。

8.3.11 挡土墙墙面防水涂层宜在挡土墙拆模养护结束后统一涂刷,后期施工时应对防水层脱落或墙身损坏处进行补刷或修补。

8.3.12 当填土高度超过锚定板上边缘设计高度20cm时,按设计要求反开挖路基进行锚定板和锚索的施工。锚索铺设于PVC管内,并予以顺直,按设计位置穿入锚具和锚垫板。路基中PVC管与墙体内预埋PVC管采用套管接头连接。反开挖具体施工流程如下:
 a) 在锚定板位置反开挖路基,根据锚定板及其他附属结构物的形状和锚索位置直接开挖出相应空间,避免超挖;
 b) 沟槽清理完成后,进行绑扎锚定板钢筋、支立锚垫板模板和锚具的就位;
 c) 用垫块将PVC管架起,宜使PVC管位于注浆体设计截面的中心位置,并保证PVC管水平,然后进行锚定板混凝土与沟槽内水泥砂浆的浇筑;浇筑完成后按规定进行养护,当达到设计强度的75%后,进行下一层填土施工。

8.3.13 锚索安装时应做好标记,并记录所对应锚定板编号。

8.3.14 当路基填土达到锚索张拉设计对应的高度时,方可对锚索进行张拉。预应力锚索采用应力控制方法张拉时,应以伸长值进行校核,实际伸长值与理论伸长值的差值应符合设计要求。

8.3.15 锚索张拉时应对每束锚索分序分级进行张拉,按照由短至长张拉顺序控制;张拉完成后根据预应力损失监测情况进行补张拉。

8.3.16 锚索的张拉、锁定和防腐应符合 GB 50086 的要求。

8.3.17 挡土墙施工期间应设置安全警示标志。

8.3.18 防、排水设施应与墙体、路基施工同步进行,同时完成。

8.4 监测及维护

8.4.1 应编制监测方案,对压力分散型悬锚式挡土墙在施工期及运营期进行监测。对一般部位挡墙,监测周期可为施工期至完工后2年;对于重要部位挡墙,应设为永久监测。监测内容包括挡土墙沉降、侧向变形、锚索拉力、土压力等。

8.4.2 试验段应选取3个~5个断面进行土压力和位移监测,所有锚索均应设置锚索测力计。监测频率为路基填筑期每天至少1次,填筑完成后每周至少1次。

8.4.3 正式施工时每段挡土墙不应少于1个变形监测断面,锚索拉力每50m不少于1个监测断面。施工期每天监测和巡查不少于1次,挡土墙施工完成后每月监测和巡查不少于1次。

8.4.4 监测数据应及时进行整理和分析,并上报建设管理运营单位。

8.4.5 当挡土墙顶部水平位移超过30mm或水平位移变化速率大于4mm/d,或锚索拉力超过极限抗拉强度的60%时,应及时上报并加强监测。

9 质量管理与检查验收

9.1 一般规定

9.1.1 挡土墙施工现场质量管理应明确施工技术标准,建立完善的质量管理体系、施工质量控制和质量检验制度。

9.1.2 施工期监测报告的内容主要包括:部位、项目、方法、仪器型号、监测数据及分析资料。

9.1.3 压力分散型悬锚式挡土墙施工过程及完工后,应按设计要求和质量合格条件进行分部分项进行质量检验和验收。

9.1.4 工程施工中对检验出不合格的锚索或其他材料应更换处理。

9.1.5 压力分散型悬锚式挡土墙质量与检测除应满足本标准的规定外,尚应满足 JTG F80/1 的相关要求。

9.2 基本要求

9.2.1 所有原材料的质量和规格应符合本标准及有关规范的要求,进场时应认真检查并做好记录。

9.2.2 施工前应根据相关规范要求,对所用钢筋、混凝土、锚索、锚具、砂浆的性能进行试验。

9.2.3 混凝土、砂浆所用的水泥、碎石、砂、水的质量应符合有关规范的要求,按规定的配合比施工。

9.2.4 地基承载力、基础埋置深度应满足设计要求。

9.2.5 锚具、锚索的质量、规格应满足有关规范的要求。

9.2.6 伸缩缝、沉降缝、泄水孔、反滤层的设置位置和数量应符合设计要求。

9.3 实测项目

压力分散型悬锚式挡土墙实测项目的施工质量应符合表3、表4 的规定。

表3 压力分散型悬锚式挡土墙施工质量标准

序号	检查项目	规定值或允许偏差	检查方法和频率
1	砂浆强度(MPa)	在合格标准内	每1工作台班2组试件
2	平面位置(mm)	30	经纬仪:每20m检查墙顶外边线3点
3	顶面高程(mm)	±20	水准仪:每20m检查1点
4	竖直度或坡度(%)	0.3	吊垂线:每20m检查2点
5	断面尺寸(mm)	不小于设计要求	尺量:每20m量2个断面
6	底面高程(mm)	±30	水准仪:每20m检查1点
7	表面平整度(mm)	5	2m直尺:每20m检查2处
8	混凝土强度(MPa)	在合格标准内	每1工作台班2组试件
9	锚具位置(mm)	±10	尺量
10	锚定板位置(mm)	±50	尺量

表4 锚索施工质量标准

序号	检查项目	规定值或允许偏差	检查方法和频率
1	锚索长度(mm)	±50	尺量:每20m检查5根
2	锚索间距(mm)	±20	尺量:每20m检查5根
3	锚索与墙体连接	符合设计要求	目测:每20m检查5处
4	锚索防护	符合设计要求	目测:每20m检查10处
5	锚索锚拉力	符合设计要求	根据锚索测力计测试

9.4 外观鉴定

9.4.1 混凝土施工缝平顺。

9.4.2 蜂窝、麻面面积不得超过该面面积的0.5%,深度超过1cm的必须处理。

9.4.3 混凝土表面出现的非受力裂缝宽度超过设计规定或设计未规定时超过0.15mm的必须处理。

9.4.4 泄水孔坡度向外,无堵塞现象。不符合要求时,必须进行处理。

9.4.5 沉降缝整齐垂直,上下贯通。不符合要求时,必须进行处理。

9.5 检查验收

按JTG F80/1的相关要求执行。

附 录 A
（规范性附录）
压力分散型悬锚式挡土墙设计算例

某公路挡土墙采用压力分散型悬锚式挡土墙结构形式,挡墙的断面尺寸如图 A.1 所示,参照本标准 6.3 相关规定,进行挡墙结构参数及锚索布设参数的设计计算,主要设计内容包括:基础类型、尺寸、埋深,墙体尺寸、混凝土强度、配筋,锚索外锚固端构造、长度、张拉力、防腐措施,锚定板尺寸、配筋等。主要验算内容包括:挡土墙地基承载力、沉降量、水平位移、抗倾覆、抗滑移、整体稳定性、墙身结构强度验算等。

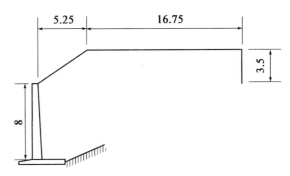

图 A.1 挡土墙与路堤几何尺寸图(尺寸单位:m)

A.1 设计资料

A.1.1 挡土墙与路堤几何尺寸

墙身高:8.0m;

墙顶宽:0.4m;

面坡倾斜坡度:1:0.0;

背坡倾斜坡度:1:0.1;

墙趾悬挑长 D_L:1.5m;

墙趾跟部高 D_H:0.5m;

墙趾端部高 D_{H0}:0.4m;

墙踵悬挑长 D_{L1}:2.5m;

墙踵跟部高 D_{H1}:0.5m;

墙踵端部高 D_{H2}:0.5m;

墙趾埋深:1.5m;

墙顶高程:0.0m;

挡墙分段长度:10.0m;

路堤顶面高出挡墙顶部距离:3.5m;

墙顶后缘至路基边缘的水平投影长度:5.25m;

路基顶宽:28m。

A.1.2 挡土墙基本力学参数

混凝土墙体重度:25kN/m³;

DB 37/T 3362—2018

混凝土强度等级：C25；
墙后填土内摩擦角：21.3°；
墙后填土黏聚力：0kPa；
墙后填土重度：18kN/m³；
墙背与填土间的摩擦角：10.6°；
地基土重度：18kN/m³；
修正后地基土容许承载力：500kPa；
地基土容许承载力提高系数：
　　墙趾值提高系数：1.2；
　　墙踵值提高系数：1.3；
　　平均值提高系数：1.0；
　　墙底摩擦系数：0.5；
　　地基土类型：土质地基；
地基土内摩擦角：30°；
地基土黏聚力：0kPa。

A.2 设计计算关键步骤

（1）挡土墙尺寸的确定：设计采用试算法，假定墙顶宽取最小值0.4m，不考虑锚杆的作用，计算确定挡土墙抗滑安全系数、抗倾覆安全系数，并取其最小值与1.0进行比较，若$K_{min}>1.0$，则按墙顶宽为0.4m；反之，则增大墙顶宽度进行试算，直至$K_{min}=1.0$。

（2）锚索预应力确定标准1：在上述挡墙尺寸的基础上，考虑锚索的侧向约束作用，增大锚索预应力，使得挡土墙抗滑安全系数、抗倾覆安全系数满足本标准6.3.2的要求。

（3）锚索预应力确定标准2：采用数值分析软件，计算该设计条件下挡土墙土压力与墙身位移，使得墙体位移满足本标准6.3.2的要求。综合比较分别按照锚索预应力确定标准1与标准2所得锚索预应力值，选择经济合理的锚杆预应力值。

（4）锚索布设参数的确定：进一步优化完善锚杆布设参数，按照《公路路基设计规范》（JTG D30）中有关边坡锚固力的相关计算方法，确定锚索布设参数。

A.3 荷载与位移计算

A.3.1 荷载分项系数

依据《公路挡土墙设计与施工细则》，选取荷载分项系数如下：
挡土墙结构重力分项系数=0.9；
填土重力分项系数=0.9；
填土侧压力分项系数=1.4；
预应力分项系数=1.0。

A.3.2 土压力计算

A.3.2.1 公路等级及工程类别：高速公路挡土墙重点工程。

A.3.2.2 土压力计算方法：库仑土压力理论。

A.3.2.3 以荷载组合Ⅰ为例，确定坡线土柱及坡面投影长度，如表A.1所示。

表 A.1 坡面投影长度及换算土柱

折线序号	水平投影长(m)	竖向投影长(m)	换算土柱数
1	5.25	3.5	0
2	16.75	0.0	1

坡面线段数:2;

土柱参数:距离路基顶部左侧边缘0.75m,宽度16.75m,高度0.944m;

地面横坡角度:20°。

A.3.2.4 土压力计算。

根据图 A.1,依据库仑土压力理论,计算土压力结果如下:

土压力水平分量 $E_x = 176.88$ kN,土压力竖向分量 $E_y = 2.38$ kN;

墙身截面积 $= 6.625$ m²,重量 $G_w = 3.71$ kN;

整个墙踵上的土重 $G_{w1} = 218.745$ kN,重心坐标(1.683,-3.057)(相对于墙面坡上角点);

墙趾板上的土重 $G_{w2} = 28.35$ kN,相对于趾点力臂 $= 0.738$ m。

A.3.3 滑动稳定性验算

A.3.3.1 滑动稳定安全系数

挡土墙滑动稳定性安全系数如式(A.1)所示,

$$K_c = \frac{(0.9G_n + 1.4E_x)u + T}{1.4E_x} \tag{A.1}$$

式中:K_c——抗滑移安全系数;

G_n——垂直于基底的重力合力;

T——锚固预应力;

u——基底摩擦系数,$u = 0.5$。

根据上述计算原则,确定墙顶宽取0.4m满足要求;根据计算得到的滑移力 $F_s = 247.63$ kN,按照 $K_c \geq 1.3$ 的要求反算得到抗滑力 $F_n = 326.31$ kN,并由此确定 $T \geq 88$ kN。后续按照 $T = 90$ kN 进行挡土墙倾覆稳定性与地基应力验算。

A.3.3.2 滑动稳定方程

滑动稳定方程应满足式(A.2)的要求。

$$F_n - 1.3F_s > 0 \tag{A.2}$$

式中:F_s——滑动力;

F_n——抗滑力。

计算得 $F_n - 1.3F_s = 4.391$ kN > 0,满足要求。

A.3.4 倾覆稳定性验算

A.3.4.1 倾覆稳定安全系数

挡土墙绕墙趾的倾覆稳定性应满足式(A.3)的要求。

$$K_0 = \frac{G_w Z_w + G_{w1} Z_{w1} + G_{w2} Z_{w2} + Th + E_y Z_x}{E_x Z_y} \tag{A.3}$$

式中: K_0——抗倾覆安全系数;

G_w、G_{w1}、G_{w2}——墙身自重、墙踵上的土重、墙趾板上的土重；

Z_w、Z_{w1}、Z_{w2}——相对于墙趾点，墙身重力的力臂、墙踵上土重的力臂、墙趾上土重的力臂；

T——锚固预应力；

h——锚固点距基底的距离；

E_x、E_y——土压力水平分量、竖向分量；

Z_x、Z_y——土压力水平分量合力作用点距基底形心的距离、竖向分量合力作用点距基底形心的距离。

根据几何与受力条件，计算结果如下：

相对于墙趾点，墙身重力的力臂 $Z_w = 2.124 \text{m}$；

相对于墙趾点，墙踵上土重的力臂 $Z_{w1} = 3.183 \text{m}$；

相对于墙趾点，墙趾上土重的力臂 $Z_{w2} = 0.738 \text{m}$；

相对于墙趾点，E_y 的力臂 $Z_x = 4.302 \text{m}$；

相对于墙趾点，E_x 的力臂 $Z_y = 2.785 \text{m}$；

相对于墙趾点，T 的力臂 $h = 3 \text{m}$；

倾覆力矩 $= 492.61 \text{kN·m}$，抗倾覆力矩 $= 825.30 \text{kN·m}$；

倾覆验算满足：$K_0 = 1.68 > 1.500$。

A.3.4.2 倾覆稳定方程

倾覆稳定方程应满足式（A.4）要求。

$$\sum M_y - 1.5 \sum M_0 > 0 \tag{A.4}$$

方程值 $= 86.39 \text{kN·m} > 0$，满足要求。

A.3.5 地基应力及偏心距验算

本部分验算包括基底持力层地基应力验算及偏心距验算，其中基底持力层地基应力验算应满足式（A.5）的要求。

$$p_{\min}^{\max} = \frac{F_y}{A} \pm \frac{M}{W} \leqslant r_R[f_a] \tag{A.5}$$

式中：r_R——地基承载力容许值抗力系数；

p——基底应力（kPa）；

F_y——基底以上竖向荷载（kN）；

A——基底面积（m²）；

M——作用于挡墙上的外力对基底形心轴之力矩（kN·m）；

W——基底截面模量（m³）；

f_a——基底处持力层地基承载力容许值（kPa）。

基底偏心距验算应满足式（A.6）的要求。

$$e_0 = \frac{\sum M}{F_y} \tag{A.6}$$

根据式（A.5）、式（A.6），计算结果如下：

作用于基础底的总竖向力 $F_y = 587.41 \text{kN}$；

作用于基底形心的弯矩 $= 120.55 \text{kN·m}$；

基础底面宽度 $B = 5\text{m}$，偏心距 $e = 0.21$；

平均压应力 $= F_y/A = 117.482 \text{kN}$；

基础地面抗弯截面模量 $W = 4.17 \text{m}^3$；

弯矩在基础地面产生的最大压应力与拉应力 $= M/W = 28.91 \text{kN}$；

基础底面合力作用点距离基础趾点的距离 $Z_n = 1.989 \text{m}$；

基底压应力:趾部 = 246.051kPa,踵部 = 16.403kPa;
最大应力与最小应力之比 = 147.09/87.88 = 1.67;
作用于基底的合力偏心距验算满足:$e = 0.21\text{m} \leqslant 0.167 \times 5 = 0.833\text{m}$;
墙趾处地基承载力验算满足:压应力 = 147.09 ≤ 600kPa;
墙踵处地基承载力验算满足:压应力 = 87.88 ≤ 650kPa;
地基平均承载力验算满足:压应力 = 117.482 ≤ 500kPa。

A.3.6 挡土墙墙顶位移验算

A.3.6.1 挡土墙位移控制标准

按照本标准6.3.2,确定锚索预应力时,挡土墙水平位移 Δh 尚应满足:挡墙发生外移时,位移量应取(0.3% ~ 0.7%)H 与40mm 的小值,挡墙发生内移时,位移量应取(0.1% ~ 0.3%)H 与25mm 的小值。该算例中墙高8m,按照上述标准,挡墙水平位移应控制在24mm ~ 40mm 之间为宜。

A.3.6.2 挡土墙计算模型的建立

挡土墙位移的确定可采用数值分析软件进行计算确定,本算例采用 Plaxis 有限元计算,计算步骤如下:

(1)按照图 A.2 所示几何尺寸,建立挡土墙与路堤实体结构模型。

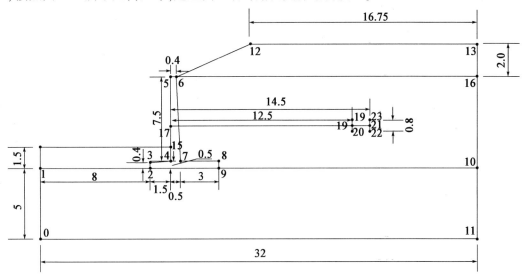

图 A.2 计算模型图(尺寸单位:m)

(2)进行相关物理力学参数的测试,确定数值模型参数,如表 A.2 ~ 表 A.4 所示。

表 A.2 挡土墙及路堤填土计算参数

模 型 参 数	单 位	填 土	地 基	混 凝 土
材料模型	—	摩尔—库仑	摩尔—库仑	弹性模型
土体重度 γ	kN/m³	18	18	25
弹性模量 E	kN/m²	5×10^4	5×10^4	3×10^7
泊松比 μ	—	0.35	0.38	0.23
黏聚力 c	kN/m³	23	11	—
内摩擦角 φ	°	17.5	30	—

表 A.3 锚索计算参数

参　数	单　位	数　值
轴向刚度 EA	kN/m	260
水平间距 L	m	3

表 A.4 锚定板计算参数

参　数	单　位	数　值
轴向刚度 EA	kN/m	1.2×10^7
抗弯刚度 EI	kN/m²	1.2×10^5
等效厚度 d	m	0.346
重度 γ	kN/m³	8.3
泊松比 μ	—	0.15

A.3.6.3 压力分散型挡土墙施工过程模拟

计算考虑分步施工。第 1 步，激活地基土体单元(0m～5m)；第 2 步，激活墙背土体单元(5m～8m)，同时激活挡土墙单元；第 3 步，激活路基土体单元(8m～11.5m)；第 4 步，激活锚索和锚垫板单元，并施加预应力；第 5 步，激活路基超载部分土体单元(11.5m～15m)。

A.3.6.4 计算结果

锚索纵向设置间距按照 3m 设计。根据试算结果可得，当每孔锚索施加的总预应力为 90kN 时，墙身水平位移(外移)最大值为 29.5mm，符合前述位移标准。由此确定该预应力作用下墙身弯矩如图 A.3 所示(最大值 423.96kN·m)。

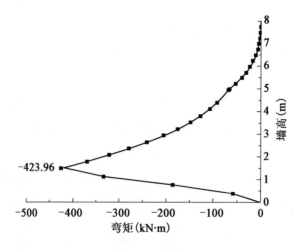

图 A.3 压力分散型挡土墙墙身弯矩分布图

以上计算表明，单根锚索预应力取 45kN(每锚孔总预应力取 90kN)、锚索间距为 3m 可以满足挡墙稳定性、地基承载力及位移要求。

A.4 压力分散型挡土墙锚固体系参数设计

A.4.1 锚定板尺寸及数量的确定

根据本标准6.2.7规定,锚定板面积不宜小于$0.5m^2$,这里取锚垫板边长为0.8m。参照《公路挡土墙设计与施工技术细则》(中交第二公路勘察设计研究院有限公司主编,人民交通出版社出版),当锚垫板埋深为3m~10m时,锚垫板的极限承载力宜为120kPa~150kPa,当锚垫板埋深小于3m时,参照本标准6.3.2式(1)计算。

根据本标准6.3.4要求,单根锚索张拉力不应超过锚索强度的60%,此处验算锚索强度如下:

预应力锚索设计采用1860级钢绞线,单根钢绞线(7φ5)横截面积为$140mm^2$,计算得钢绞线极限承载力为260kN。预应力锚索采用张法施工,张拉控制应力$\sigma_{con} = 0.6 f_{puk}$,张拉程序$0 \rightarrow 1.03\sigma_{con}$,计算得钢绞线单股张拉力 $= 1860 \times 140 \times 0.6 \times 1.03/1000 = 160.93kN$。

该算例中,锚垫板的设计埋深为6m,计算得极限承载力为76.8kN~96kN,该值小于钢绞线单股张拉力,满足钢绞线强度要求。同时,因本算例计算得到每孔锚索预应力合力应不小于90kN,根据锚定板极限承载力计算结果分析,应选取至少2块锚定板以满足承载力要求。

A.4.2 锚索长度的确定

以墙踵垂直线为假想墙面,按照$\alpha = 45° + \varphi/2$确定破裂面,同时第一块锚定板距破裂面不少于4m,两相邻锚定板距离不应小于2m,确定锚索长度分别为12.5m、14.5m。

A.4.3 墙身配筋计算及结构细部构造

墙身配筋计算过程从略,结构细部构造参照本标准相关规定执行。